PREPARACIÓN Y AYUDA PARA EL NUEVO CURSO   (10)

I0504264

ÍNDICE DE LA SERIE

10: SUPERCUERDAS Y TEORÍA M

Supercuerdas

¿Posible solución al problema de los "infinitos"?

Explicación de la relación entre masa y espín

La supersimetría en la teoría de cuerdas

La gravedad en la teoría de cuerdas

¿Por qué requiere la teoría de cuerdas más "dimensiones"?

El "principio holográfico" en la teoría de cuerdas

La teoría M

Supercuerdas

En 1968, los aceleradores de partículas estaban sondeando la materia para tratar de entender la fuerza nuclear. Gabrielle

Veneziano descubrió, que una fórmula matemática conocida como "función beta", que había sido estudiada varios siglos antes por el matemático Leonard Euler, permitía obtener los mismos valores de los datos que se obtenían en los experimentos del acelerador de partículas del CERN; otros estudiaron la fórmula tratando de darle una interpretación física; dos físicos propusieron independientemente, que la función beta podría estar describiendo algo así como una cuerda vibrando, y que tal vez lo que hasta entonces se habían considerado partículas puntuales, se deberían considerar como pequeños segmentos unidimensionales, con una diminuta longitud, minúsculas hebras de energía que fueron llamadas "cuerdas", y varios físicos más se pusieron a estudiar y desarrollar un modelo matemático, que considerase a las partículas elementales como "cuerdas" en lugar de "puntos".

¿Posible solución al problema de los "infinitos"?

Se esperaba que la introducción de las "cuerdas" podría solucionar un problema de las teorías cuánticas de campos con partículas puntuales: de acuerdo con las leyes del electromagnetismo, la intensidad de un campo eléctrico aumenta a medida que nos acercamos a la fuente del campo; si comprimiéramos una esfera cargada hasta que su radio fuese cero, las fórmulas matemáticas muestran que la intensidad eléctrica que brotase de ella sería infinita; ya que aumenta cuando nos acercamos a la fuente, tiende a infinito cuando la distancia tiende a cero; pero el electrón y las demás partículas son tratadas como partículas puntuales; y sin embargo no tienen un valor infinito de carga ni de masa, sino un valor determinado que se mide experimentalmente; lo que se hace en la teoría cuántica de campos es poner esos valores experimentales en las fórmulas para poder hacer cálculos con ellas; se introducen "a mano", por decirlo así, sin que esos valores se deduzcan directamente de la teoría; se supone que un proceso cuántico conocido como "creación de pares", puede tener un efecto de apantallamiento sobre el electrón; como consecuencia del principio de incertidumbre, que no se da solo entre las variables "posición" y "momento", sino que se extiende a otras magnitudes, como "energía" y "tiempo", la teoría cuántica permite, y de hecho predice, que una partícula y su correspondiente antipartícula, pueden crearse y a continuación aniquilarse durante un tiempo muy breve; de acuerdo con eso, lo que consideramos el vacío, está continuamente en un estado de efervescencia, creándose y aniquilándose continuamente partículas y antipartículas, que se supone que apantallan la carga y la masa de las partículas, de tal forma que su valor llega a ser el que se mide experimentalmente; por ejemplo la carga del electrón será afectada por los pares de partículas y antípartículas cargados que continuamente se crean a su alrededor.

Pero si las "partículas puntuales" fuesen realmente "cuerdas", su "tamaño" aunque muy diminuto, no es cero, y eso evita de manera directa el que aparezcan esos valores infinitos que hemos mencionado.

Explicación de la relación entre masa y espín

Un hallazgo experimental que podía explicarse con la teoría de cuerdas, es una relación que se halló entre la masa de las partículas y su momento angular intrínseco (espín); cuando los valores de las masas se colocan en el eje de un gráfico, y los valores de su momento angular de espín se colocan en otro eje perpendicular al primero, se ve que están relacionados; el modelo de cuerdas permitía una explicación sencilla de esto; podemos imaginar una cuerda en rápida rotación, con una frecuencia determinada, o sea rotando a un número determinado de ciclos por unidad de tiempo; la frecuencia de rotación determina su momento angular, pero también determina su energía, que según la fórmula de Einstein equivale a la masa. Así los resultados obtenidos para la relación entre el momento angular de la cuerda y su masa o energía, concordaban con los de la gráfica experimental.

La supersimetría en la teoría de cuerdas

En el modelo de cuerdas, los fermiones corresponden a cuerdas que oscilan en un sentido, y los bosones, a cuerdas que oscilan en sentido opuesto; por tanto tienen distinto signo, y eso concuerda con los requisitos de la teoría cuántica.

El principio de exclusión requiere un cambio de signo al permutar dos fermiones en una "función de onda", de modo que no puede haber dos iguales, en el mismo estado cuántico, pues la *resta* a la que da lugar ese cambio de signo reduce a cero la función de onda total, y el electrón relativista, como ya vimos, se adapta de manera natural a ese requisito, pues también se requiere un cambio de signo para garantizar que la energía sea positiva; los fermiones forman así los átomos de la Tabla periódica.

A su vez se requiere que los bosones *no cambien de signo* en la permutación, de manera que no dan lugar a una resta, sino a una *suma* en la función de onda, de modo que en vez de excluirse, tienden a agruparse en el mismo estado cuántico; eso permite que los fotones, por ejemplo, que son bosones, y son los cuantos del campo electromagnético, puedan agruparse para crear campos más intensos, y hace posible, entre otras cosas, el láser y sus aplicaciones.

Los fermiones tienen espín semientero, y esa característica aparece de manera natural cuando los principios de la relatividad especial se unen a los de la teoría cuántica; por otra parte en la teoría cuántica, las limitaciones sobre el concepto de "trayectoria" que impone el principio de incertidumbre, hace que en un sistema de partículas, las "partículas individuales" sean *indistinguibles* en un sentido profundo: si en una medición se detectan dos o más partículas en determinadas posiciones o estados, en la siguiente medición no se puede saber cuál es cuál, al no poder hacer un seguimiento de supuestas "trayectorias individuales", pues como ya vimos, no existen en teoría cuántica.

El sistema debe por tanto ser descrito por una única "función de onda", que debe incluir todas las permutaciones posibles; eso hace que un sistema compuesto por un número par de fermiones se comporte como un bosón, ya que el cambio de signo que se hace al permutar fermiones hay que hacerlo un número par de veces, lo que nos devuelve al signo original (en la primera permutación el signo cambia de positivo a negativo; al efectuarla una segunda vez vuelve a ser positivo); esto está de acuerdo con el hecho de que al sumar el espín semientero de un número par de fermiones, se obtiene un valor de espín entero, que corresponde a un bosón.

El modelo de cuerdas debe, por definición, considerar todas las formas posibles de oscilación y movimiento de las cuerdas, aunque sujetas a las condiciones matemáticas de la física cuántica y la relatividad que, hasta el momento, cuentan con una impresionante confirmación experimental.

Por tanto incluye las oscilaciones en los dos sentidos posibles, con signos opuestos, y de esa manera incorpora la supersimetría, un tipo de simetría entre fermiones y bosones, que se consideró también en las teorías de supergravedad.

La inclusión de esta simetría es la que hace que se les llame "supercuerdas"

La gravedad en la teoría de cuerdas

Otro rasgo al que conduce el incluir todos los posibles modelos de cuerda, es que hay que incluir cuerdas abiertas, con sus dos extremos separados, pero también hay que incluir cuerdas cerradas, sin extremos libres; a esa forma geométrica le corresponde un valor de espín igual a dos, según la teoría cuántica (la cuerda se convierte en su negativa si giramos un ángulo de $\pi / 2$); la cuerda cerrada de energía mínima corresponde a una "partícula" de espín 2 y "masa en reposo" igual a cero; cuando consideramos la teoría de la relatividad especial vimos que no se puede superar la velocidad de la luz, y que la masa aumenta al aumentar la velocidad; eso hace que a una "partícula" que viaje a la velocidad de la luz, como por ejemplo el "fotón", que es el cuanto del campo electromagnético (es la propia luz), haya que asignarle un valor de "masa en reposo" nulo, lo que se puede considerar una forma de expresar que no puede estar en reposo.

El valor del espín se refleja en el número de componentes y la estructura de un "campo cuántico", en el "espinor", que es el objeto matemático que describe a un campo cuántico, tal como un vector en cada punto del espacio describe un campo vectorial. Los físicos ya sabían que una "partícula" o "campo cuántico" sin masa y con espín 2, podría ser considerada como el "cuanto" del campo gravitatorio en el marco de las teorías cuánticas de campos (una "forma geométrica" de "cuerda cerrada" se asemeja a una curvatura del campo gravitatorio en Relatividad General, teniendo el mismo aspecto cuando se gira un ángulo de π / 2, o espín 2). A esa hipotética "partícula" mediadora de la fuerza de gravedad, se le llama gravitón.

Por tanto se considera que la teoría de cuerdas también incluye a la gravedad necesariamente, y las ecuaciones de la Relatividad general pueden deducirse en ella.

¿Por qué requiere la teoría de cuerdas más "dimensiones"?

Sin embargo en el modelo de "cuerdas" aparecieron otros problemas; al "cuantizar" las cuerdas, los cambios matemáticos que introduce la cuantización, dan lugar a "anomalías", haciendo que ciertas simetrías que se consideran esenciales no se conserven; la teoría tiene que estar de acuerdo con los principios fundamentales de la relatividad y la teoría cuántica, pues estas han sido confirmadas experimentalmente con mucha precisión; uno de los rasgos de la relatividad es que hay que tratar al tiempo como a las coordenadas espaciales, pues como en el caso de estas su valor cambia al pasar de un sistema de referencia a otro; en relatividad, por tanto se necesita una fórmula para expresar no solo las distancias espaciales, sino más bien las "distancias" espacio-temporales entre los diferentes sucesos.

Pero en la fórmula que se obtiene, las coordenadas espaciales tienen signo positivo, mientras que la coordenada temporal tiene signo negativo (o a la inversa, si se invierte la elección de signatura); en el cálculo vectorial normal, hace falta el valor de todas las componentes del vector, para conocer no solo su magnitud sino también su orientación en el espacio, y a partir del valor de las componentes se hacen los cálculos; por otro lado, en la teoría cuántica, en la que juegan un papel fundamental las funciones de onda, y la ecuación de Schrödinger, lo que se puede calcular, como ya vimos, es la probabilidad de hallar unos valores determinados de las diferentes variables; la matemática de la teoría cuántica requiere el uso de números complejos, pues la ecuación de ondas contiene la unidad imaginaria i, y la fase de las funciones de onda se representa por la exponencial compleja; pero una vez que se hacen los cálculos de como esas "ondas" interaccionan entre sí, el resultado final que se quiere hallar debe ser un número real, pues la probabilidad que se calcula debe ser un número real positivo, comprendido entre cero y uno, como exige el cálculo de probabilidades; para obtener eso, la función de onda resultante deber ser multiplicada por su conjugada compleja, lo que siempre da como resultado un número real.(La función conjugada compleja es la misma función con un cambio de signo; al multiplicarlas se obtiene un número real positivo, el cuadrado del módulo, que se considera el valor de la probabilidad).

Además en la teoría cuántica los valores que puede tomar la energía son discretos, múltiplos de la constante de Planck; utilizando la ecuación de Schrödinger se puede obtener una expresión matemática que permite obtener todos los valores de energía permitidos por la teoría cuántica, por medio de ir aplicando sucesivamente esa fórmula, a partir del mínimo valor permitido.

El modelo de "cuerdas", se construye como una teoría cuántica y relativista, al igual que las teorías cuánticas de campos, de modo que debe incluir todos estos rasgos; las teorías cuánticas de campos contienen también la llamada "simetría conforme", que es algo parecido a la invariancia ante toda deformación del espacio-tiempo de La Relatividad General (o ante difeomorfismos).

En Relatividad General la invariancia se obtiene formulándola de manera tensorial, usando componentes covariantes y contravariantes, cuyos cambios se compensan unos a otros, y así se consigue que todos los sistemas de coordenadas sean igualmente válidos y den las mismas leyes físicas (lo que se llama "covariancia general"); en la formulación tensorial de la geometría de Riemann, las desviaciones de la linealidad del espacio curvo se compensan al transformar coordenadas de un sistema a otro, mediante la llamada "derivación covariante", que añade a las fórmulas los términos compensatorios necesarios, dependiendo de la cantidad de curvatura presente.

En el caso de la "simetría conforme" las fórmulas deben ser invariantes cuando se hace una transformación que introduce "deformaciones", pero mantiene constantes los ángulos.

Como en la teoría cuántica no están permitidos todos los valores de energía, no se pueden incluir todos los modelos de rotación, oscilación, o vibración de la cuerda, sino solo los modos que conduzcan a los valores permitidos de energía; de modo que hay que cuantizar las fórmulas que describen el movimiento de la cuerda; para ello se sigue el mismo procedimiento de "cuantización canónica" que en el caso de partículas puntuales: en la fórmula de un oscilador clásico, que contiene la fórmula de la energía cinética sumada a la energía potencial, se sustituyen el "momento" y la "coordenada de posición", por los operadores cuánticos correspondientes, cuya forma se puede obtener aplicando a la fórmula del oscilador clásico las restricciones de De Broglie (solo un número entero de longitudes de ondas se puede incluir en una región determinada); así se obtiene la fórmula para el oscilador cuántico, que es la ecuación de Schrödinger, y a partir de ella los valores de energía permitidos.

Las expresiones matemáticas que llevan de un valor de energía a otro se llaman operadores de creación y aniquilación, pues su aplicación lleva a una partícula de un estado energético a otro; en el caso de las cuerdas se introducen operadores que juegan el mismo papel, y con ellos se obtienen los valores permitidos de energía y por tanto los posibles modos de la cuerda, de modo que estos operadores se pueden expresar matemáticamente como modos de oscilación, y por tanto como series de Fourier. (En el estudio de ondas, incluso clásicas, una onda puede ser alterada en los valores que la caracterizan, como amplitud y frecuencia, si interacciona con otra onda; y algo parecido es lo que hacen esos operadores; por tanto se comprende que sus expresiones matemáticas correspondan a osciladores, y se puedan representar por series de Fourier; Fourier desarrollo un método con el que se pueden obtener todo tipo de formas ondulatorias sumando ondas armónicas)

El tensor energía-impulso está sujeto a las restricciones cuánticas; pero además, ya que hay que incluir en él los principios de la relatividad , entre las componentes de dicho tensor, hay que incluir las componentes temporales de signo negativo, como indicamos antes; esto supone un problema para la teoría de cuerdas; al igual que en el cálculo vectorial normal, los cálculos se hacen a partir de las componentes; pero todas las componentes deberían tener signo positivo en teoría cuántica, puesto que cada componente hace una contribución a la *probabilidad* , y no puede haber contribuciones de valor negativo, pues las probabilidades tienen que estar entre cero y uno.

Para resolver la ecuación de Schrödinger para el átomo de hidrógeno, se utilizan coordenadas polares en lugar de cartesianas, y eso permite hacer el cálculo separando las tres variables: el radio y los dos desplazamientos angulares; entonces se calcula cada componente por separado y después se multiplican las tres, con lo que se obtiene el "volumen" y "forma" de la nube de probabilidad. Dicha "nube de probabilidad", es la "función de onda" resultante; está normalizada, lo que significa que cada punto de ella es un lugar posible, o un estado en el que hallar al electrón, y la suma de todos esos puntos, la integral, debe ser igual a uno, que significa "certeza absoluta" en cálculo de probabilidades, y hay una certeza absoluta de que el electrón va a estar en *algún punto* del orbital y su estado energético correspondiente;

la probabilidad para cada punto se halla a partir del valor (amplitud) de la onda en ese punto, (por medio de la regla del cuadrado del módulo). Cada componente por tanto, hace una contribución a la probabilidad. Pero un número negativo no se puede considerar como una probabilidad, pues sus valores, de acuerdo con el cálculo de probabilidades deben estar entre cero y uno. Todas las contribuciones a la probabilidad deben estar entre cero y uno.

A esas componentes de signo negativo se les llama "campos fantasma"; hay que incluirlas en el tensor si se quiere que la teoría esté de acuerdo con la relatividad, pero al mismo tiempo, si se quiere que la teoría tenga sentido físico, y nos proporcione resultados finales que se puedan considerar estados físicos reales, (un "espacio de Hilbert" de estados físicos, según la terminología cuántica, o un "espacio de Fock", según la teoría cuántica relativista), si realmente es una teoría que describe el mundo que observamos, al menos entre otras cosas, debe haber algo que cancele esos "campos fantasma"; basándose en eso se incluyen en el tensor "componentes" adicionales, que actúan como "campos compensadores" y cancelan los "campos fantasma"; se incluyen también otros "campos espurios" para recuperar otras simetrías, como la "simetría conforme"; cada uno de ellos se puede considerar como un "campo escalar", ya que un campo escalar tiene una sola componente; pero también se pueden considerar como grados de libertad adicionales, y aumentar los grados de libertad se puede considerar como aumentar la dimensión del espacio; un espacio bidimensional tiene dos grados de libertad, y uno tridimensional tiene tres grados de libertad; de modo que las componentes extra se consideraron originalmente dimensiones adicionales del espacio.

Así, para dar sentido físico al aparato matemático de la teoría hay que introducir un número específico de "dimensiones extra" , que se considera que son demasiado pequeñas, formando una variedad compacta, en la que se supone que se mueven las cuerdas, de modo que la forma y propiedades geométricas de esos "espacios compactos" determinan los modelos de movimiento de las cuerdas, que a su vez determinan los valores como masa y demás variables, y las simetrías físicas se originan en las simetrías geométricas de esas variedades; se usan unas formas geométricas o espacios compactos llamados "espacios de Calabi-Yau", nombrados así por los matemáticos que los estudiaron, pero el desarrollo posterior de la teoría condujo a conclusiones adicionales; se vio que las matemáticas permitían la introducción de dimensiones extra grandes y no solo compactificadas (D-Branas), puesto que la explicación para que no las percibamos podría ser que las cuerdas abiertas estén adheridas por sus extremos a una brana, y solo las cuerdas cerradas, que transmiten la fuerza de gravedad pueden pasar de una brana a otra; se dice que eso explicaría también la debilidad de la fuerza de gravedad, en comparación con las otras fuerzas.

El "principio holográfico" en la teoría de cuerdas

Después se vio que el llamado "principio holográfico", que surgió en la investigación de la entropía del agujero negro, mostrando que la información que genera nuestro universo tridimensional, puede estar almacenada en la superficie bidimensional que lo limita, también surgía en la teoría de cuerdas; se descubrió una "dualidad", una especie de equivalencia matemática entre el llamado "espacio anti-De Sitter", que es una de las variedades espacio-temporales de las que se estudian en Relatividad general, y una teoría cuántica de campos o QFT, formulada en la frontera de dicho espacio; así puede haber cambios en la dimensionalidad también; en algunos artículos técnicos se muestra, por tanto, que las "dimensiones extra", pueden considerarse de otras maneras; pueden considerarse también como la dimensión de un "espacio interno", o un "espacio matemático" como un "espacio de configuración" (parecido a un "espacio de fases" en física clásica), que contiene todas las posibles configuraciones permitidas.

La teoría M

La Teoría M fue un desarrollo que mostró que diferentes teorías de cuerdas que se estudiaron originalmente, podían ser unificadas, pues se descubrieron en ellas "dualidades", correspondencias matemáticas que indicaban que tales teorías compartían rasgos que indicaban que eran diferentes aspectos o manifestaciones de una teoría más profunda, y se podía pasar de una teoría a otra mediante determinadas transformaciones matemáticas; la teoría no solo incluye cuerdas sino también objetos de más dimensiones.

La investigación en "gravedad cuántica" continúa, y no se considera un problema resuelto; se siguen estudiando las diferentes teorías de las que hemos hablado y otras;

Un enfoque llamado "dinámica de formas" se ha propuesto como una solución al "problema del tiempo", mencionado anteriormente, que surge al cuantizar directamente la Relatividad general en "Gravedad cuántica canónica"; en la dinámica de formas, en lugar de aplicar la "invariancia ante difeomorfismos" a todo el bloque espacio-temporal de la Relatividad general, se aplica "simetría conforme" e invariancia ante difeomorfismos, solo a las "hojas espaciales" del bloque, y se consiguen los mismos resultados que en Relatividad general, pero se evita el problema del tiempo.

Modelos de Universo

La cosmología es la ciencia que estudia la estructura, formación y comportamiento del Universo en conjunto, el Universo a gran escala; basándose en las observaciones y datos recogidos, los cosmólogos proponen y estudian diversos modelos de Universo, aplicando las leyes físicas que conocen, expresando esas leyes en forma matemática, para ver si los resultados de la operación de esas leyes, encajan con las observaciones.

Se intenta también averiguar cuál será el destino del Universo, si la expansión continuará llevando a un enfriamiento cada vez mayor, y por tanto a una muerte térmica (Big Freeze, o Gran congelación), o si por el contrario la expansión se detendrá e invertirá llevando a una Gran implosión (Big Crunch).

El estudio cuidadoso, desde el punto de vista teórico, del modelo cosmológico estándar del Big Bang, y el intento de solucionar las cuestiones que se plantean en él, así como de encajar también las nuevas observaciones, junto con sugerencias que provienen de diversas teorías en las que se estudia la materia a nivel subatómico, ha llevado a suponer que tal vez el Big Bang no fue único, y por diversos caminos, y en diversas teorías, se propone la existencia de otros "universos", que compondrían lo que actualmente se denomina el "multiverso".

La existencia de "universos paralelos" se propuso como una interpretación de la teoría cuántica, la interpretación de "muchos mundos" de Hugh Everett, posterior a la interpretación inicial, llamada "la interpretación de Copenhague", por el papel predominante que desempeñó en ella el físico danés Niels Bohr. En la teoría cuántica un sistema físico, que puede ser una sola "partícula", o pueden ser muchas, debe ser descrito por una "función de onda"; la "función de onda" de un sistema de muchas partículas contiene todas las posibles configuraciones en que se puede hallar el sistema al efectuar una observación o medición, de modo que contiene configuraciones que forman aparatos de laboratorio, gatos, observadores y Universos enteros. Según la interpretación de Copenhague, cuando se hace una observación o medición, solo una de las alternativas contenidas en la "función de onda" se realiza (llega a ser real); según la interpretación de "muchos mundos" se realizan todas, en diferentes "universos" que coexisten pero no se perciben mutuamente.

Pero otras teorías también han conducido a pensar en la existencia de otros tipos de "universos".

Más allá del modelo estándar de la física de partículas, se ha llegado a teorías como la teoría de cuerdas, supercuerdas y teoría M; más adelante veremos cómo surgieron estas teorías, pero por ahora solo hablaremos de por qué han conducido a la idea de un "multiverso"; en estas teorías las partículas elementales no son consideradas como "puntos"; se considera que tienen una longitud diminuta, y por eso se las llama "cuerdas"; para conservar ciertas simetrías que se consideran esenciales en física, estas teorías tienen que incluir en sus fórmulas algunos términos que compensan "anomalías" que surgen en ellas y conducen a que una simetría esencial no se mantiene, cuando las restricciones impuestas por la teoría cuántica se aplican a las cuerdas (cuando se cuantizan las cuerdas); tales términos tienen un efecto compensador en las fórmulas, y la simetría requerida se recupera; como veremos más adelante, tales cantidades compensadoras se pueden considerar de diferentes maneras; puede pensarse que representan "partículas" o "campos", que la teoría sugiere que deberían existir, pero que aún no han sido descubiertos; en la historia de la ciencia esto ha ocurrido a veces; por ejemplo la existencia del neutrino se predijo teóricamente antes de que fuera descubierto; en un tipo de desintegración radiactiva parecía violarse la ley de conservación de la energía, y Wolfgang Pauli propuso que la energía que aparentemente faltaba, tal vez correspondía a que en el proceso podría estar presente una partícula, que por carecer de carga eléctrica y tener una masa muy pequeña no era detectada; si se incluía esa partícula la ley de conservación se mantenía; el neutrino fue descubierto posteriormente.

Los "campos" adicionales a los que se recurre en la teoría de cuerdas se pueden considerar como magnitudes escalares; un "campo escalar" puede ser, por ejemplo, la temperatura, puesto que se puede especificar una distribución de temperaturas en una región, dando solamente un número en cada punto de la región, que indica el valor de la temperatura en ese punto, tal como es indicada por un termómetro provisto de una escala de temperaturas (de ahí la palabra "escalar"); pero hay otros "campos" que requieren más de un número para ser especificados, por ejemplo los "campos vectoriales"; un campo de fuerza eléctrica o gravitatoria tiene, en cada punto de la región en que se encuentra, un valor especificado por un vector; los efectos de las fuerzas dependen no solo de su magnitud, sino también de la dirección y sentido en que actúan, de modo que para especificar un "campo vectorial" se requieren tres números en cada punto del espacio; dando el valor de las tres coordenadas o componentes del vector; referidas a un sistema de tres ejes perpendiculares entre sí, tanto la magnitud, como la dirección y sentido del vector en el espacio tridimensional, quedan plenamente especificadas.

Como un campo escalar es un campo de una sola componente, la introducción de cada "campo compensador" que se hace en la teoría de cuerdas, puede considerarse como la introducción de alguna "magnitud escalar", pero también puede considerarse como que se ha añadido una "componente" adicional al "espacio" en el que "viven" las cuerdas, y por lo tanto una "dimensión" o "grado de libertad" adicional; si los objetos físico-matemáticos de esta teoría (originalmente las "cuerdas"), disponen de grados de libertad adicionales, tales grados de libertad también pueden efectuar el trabajo de compensación requerido, como si esas "dimensiones extra" cancelaran el efecto no deseado de los términos que dan lugar a las "anomalías"; en un "espacio" con más "dimensiones" tales efectos pueden disiparse y cancelarse en ellas; de modo que originalmente se consideró que la teoría era consistente si se desarrollaba en un espacio con más dimensiones que nuestro espacio físico tridimensional, o el espacio-tiempo de cuatro dimensiones de la teoría de la relatividad; para explicar por qué no percibimos esas dimensiones extra se supuso que podían estar compactadas en formas geométricas muy diminutas, espacios compactos; si fuese así la geometría de esos espacios en los que se mueven y vibran las cuerdas determinaría el comportamiento y características físicas de estas; pero las matemáticas predicen muchas más posibles geometrías que las que se requieren para explicar el mundo que conocemos, de modo que también en esta teoría podrían existir "universos" o "mundos" con otras propiedades, como parte del "multiverso"; también se estudian modelos con dimensiones extra grandes, y sus posibles consecuencias y efectos (D-branas, etc.).

Otras teorías, motivadas principalmente por resolver los problemas matemáticos que aparecen cuando se intenta unir la relatividad general con la teoría cuántica, han llevado a proponer diversos modelos cosmológicos.

Cuestiones como la de cómo pudo generar el Big Bang la uniformidad observada actualmente, llevaron a Alan Guth a proponer una inflacción muy acelerada al principio, y esto también lleva a pensar en la posible generación de otros "universos".

La fuerza que impulsa la expansión es relacionada por los cosmólogos con la llamada "constante cosmológica", cuyo valor debe estar muy finamente ajustado para la expansión que se observa.